AF619480

ALBUM
DU
JEUNE NATURALISTE.

QUADRUPÈDES

2.me OISEAUX

4me P. OISEAUX

8.me OISEAUX.

Pl. X. POISSONS

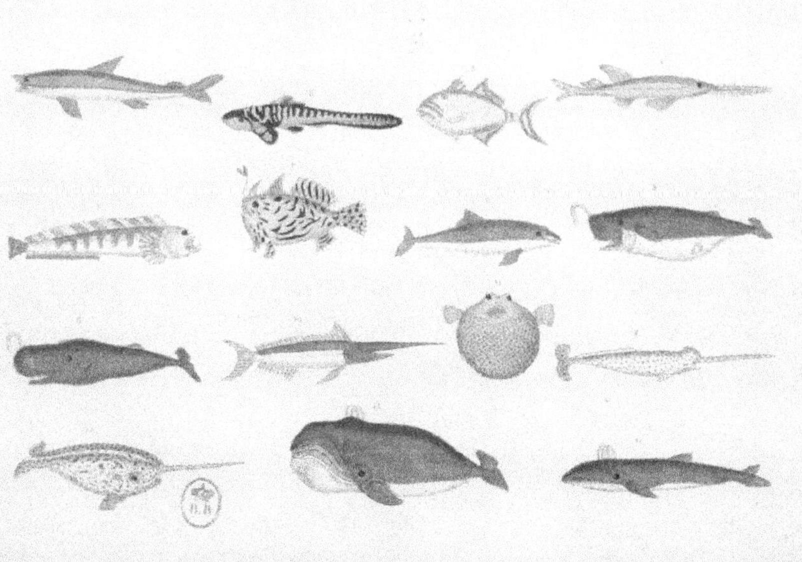

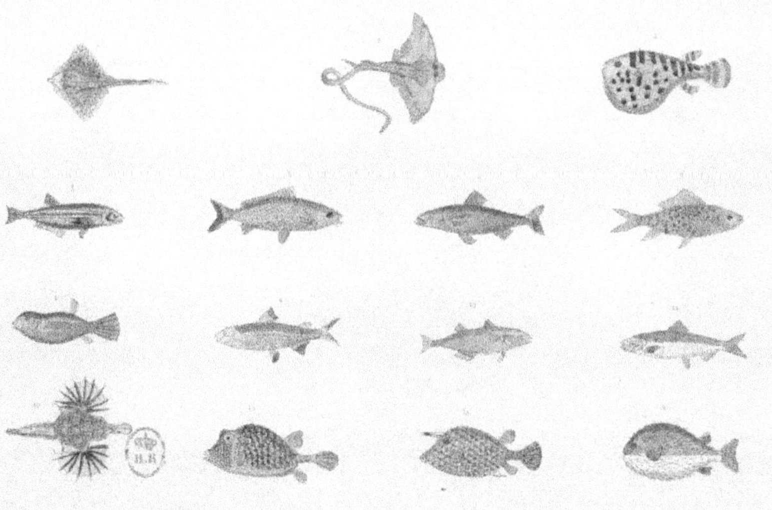

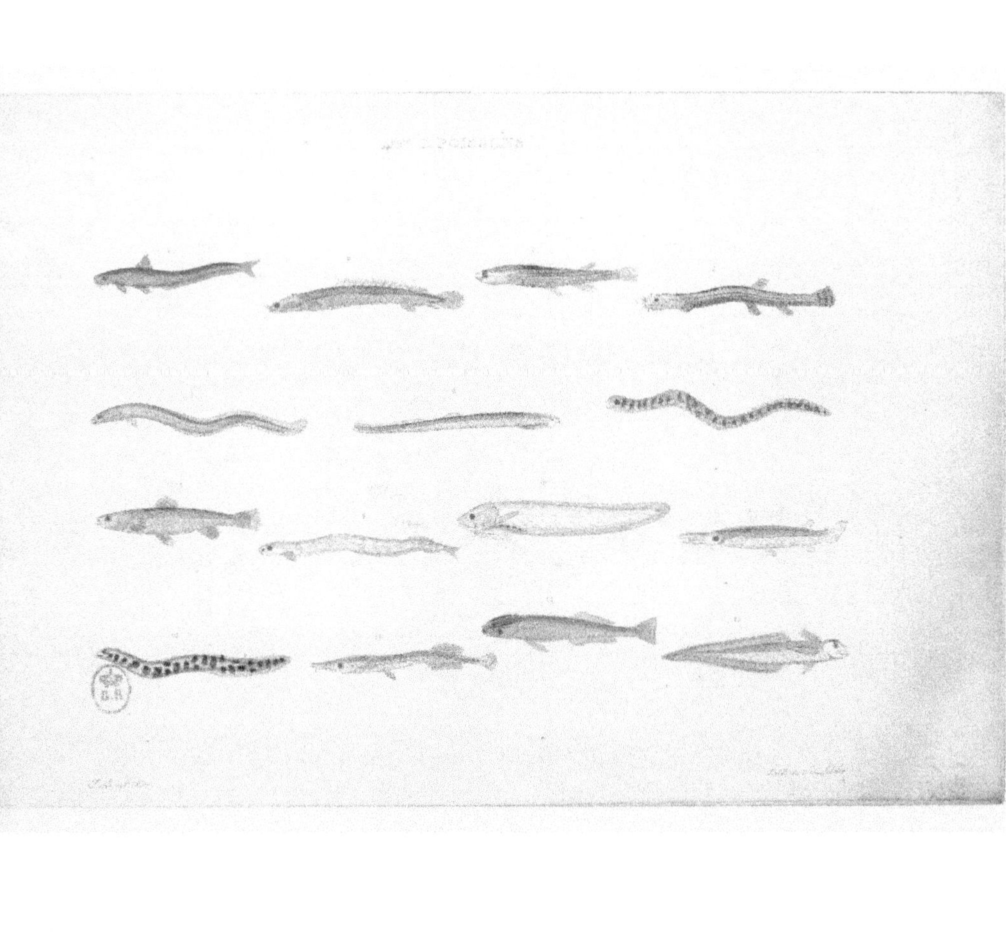

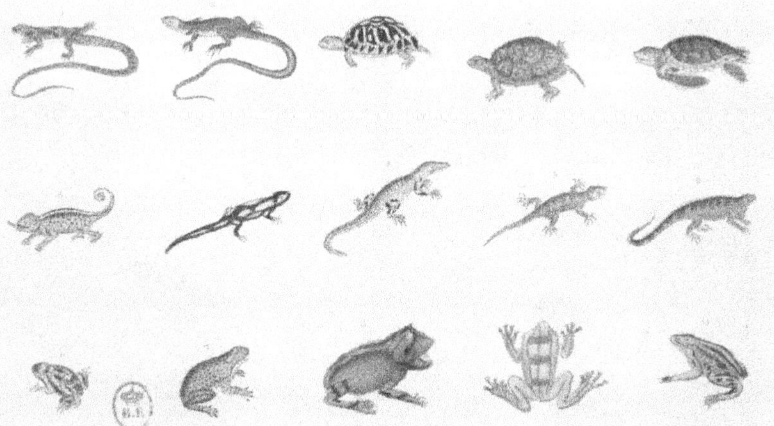

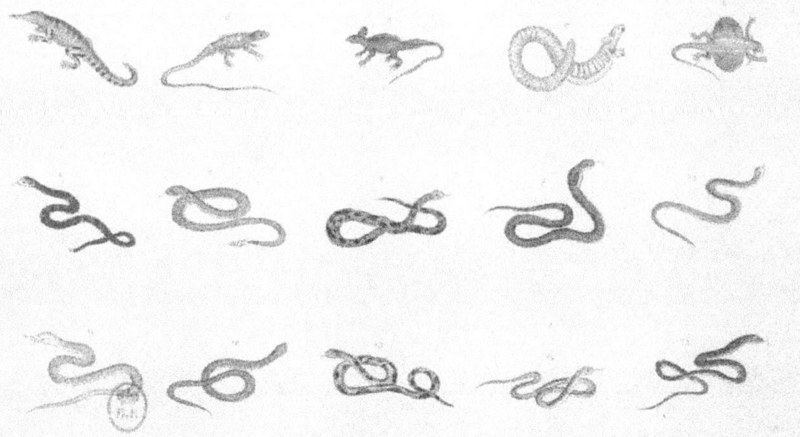

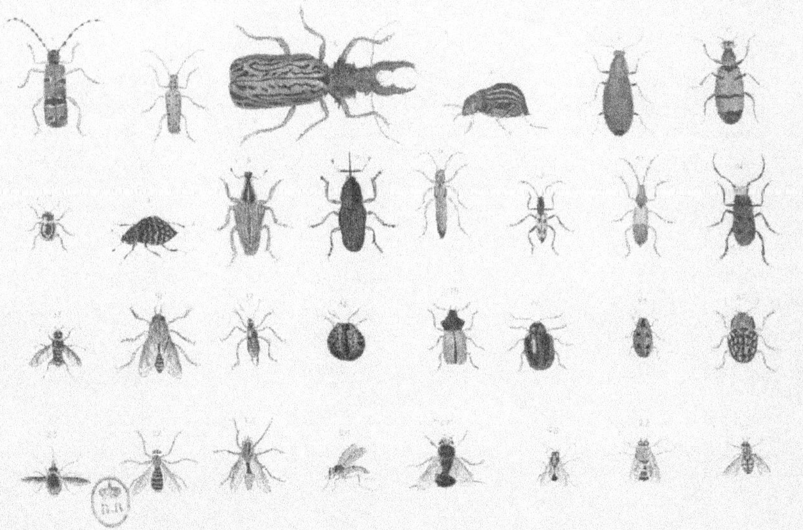

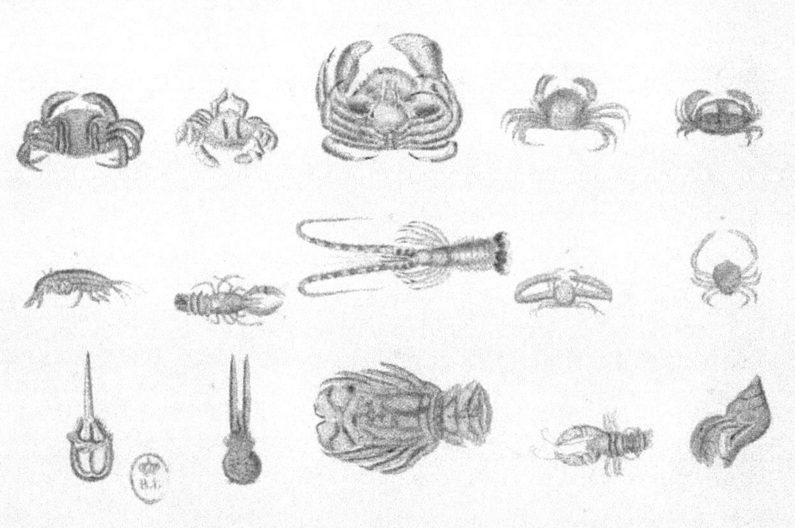

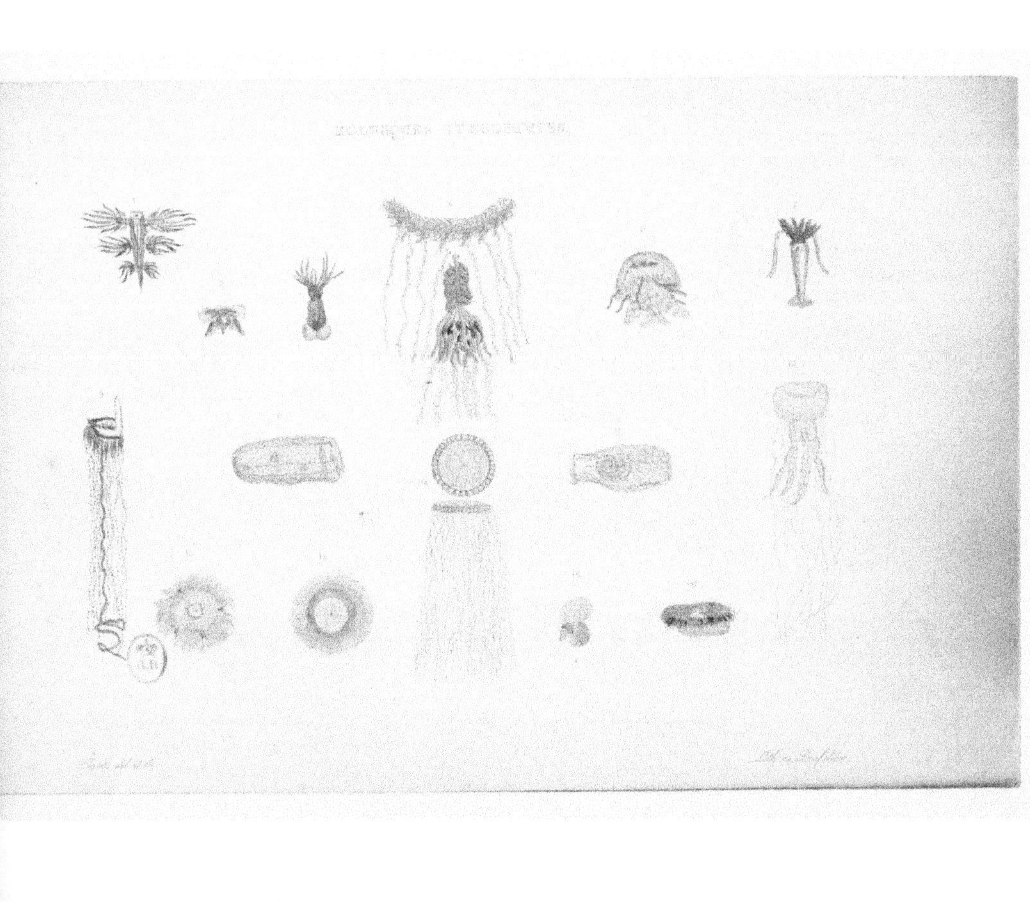

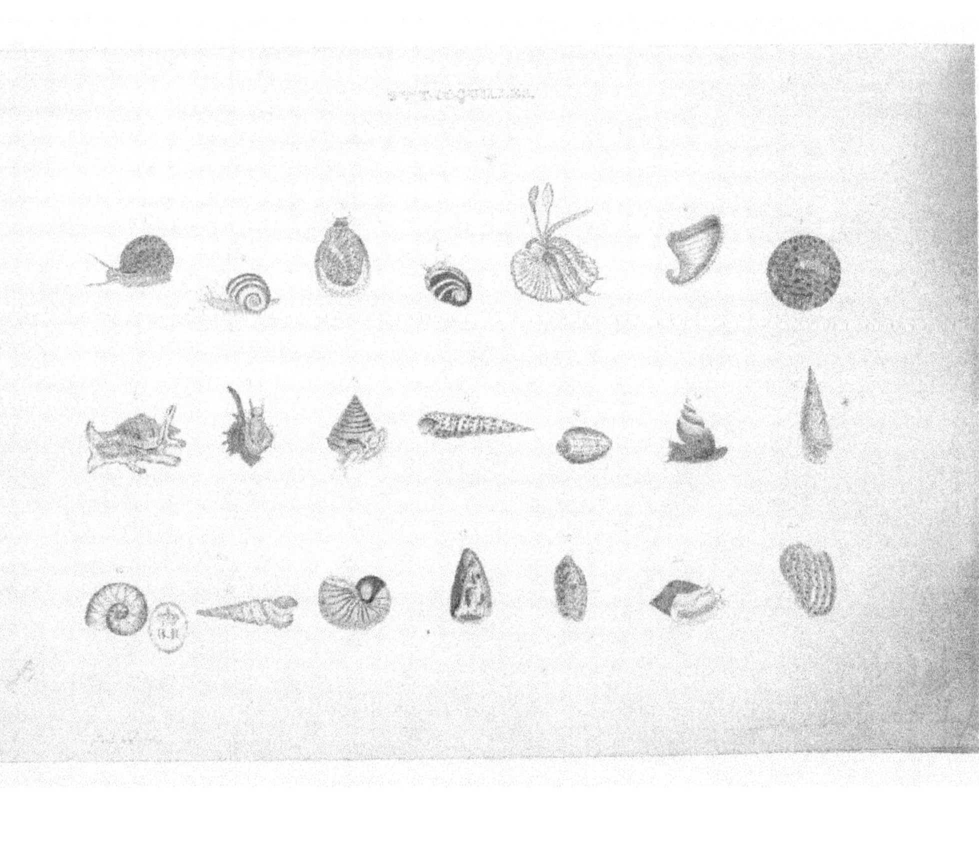

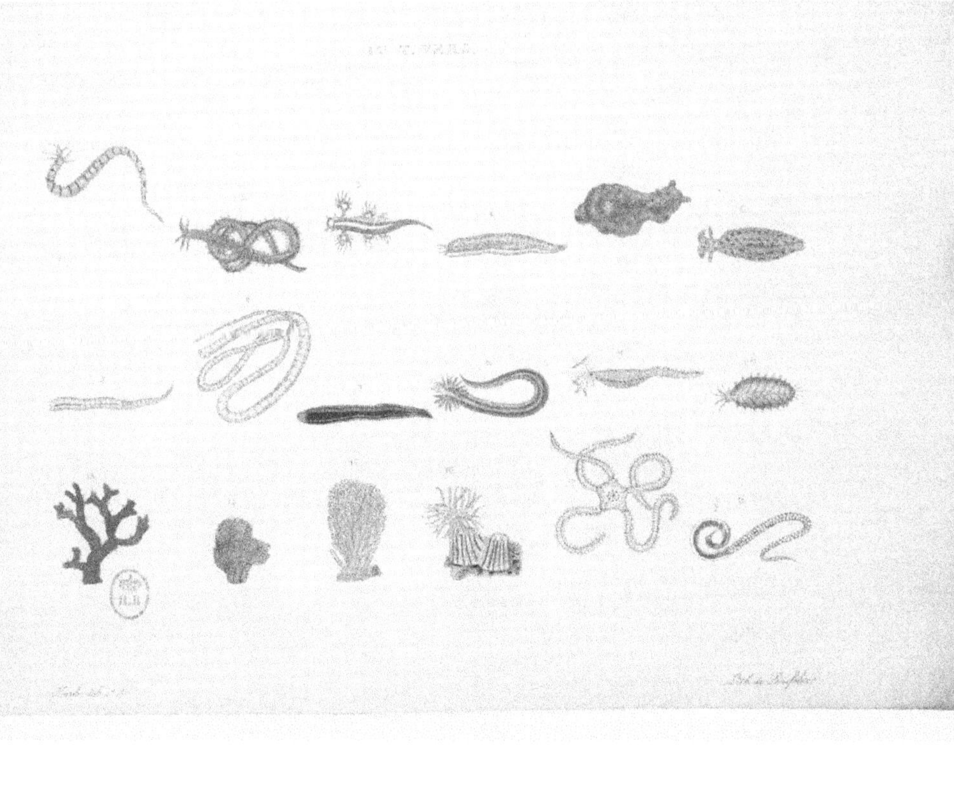

2me Pl. ARBRES ET ARBUSTES.

2me P. ARBRES ET ARBUSTES.

4ème [illegible] ARBRES ET ARBUSTES

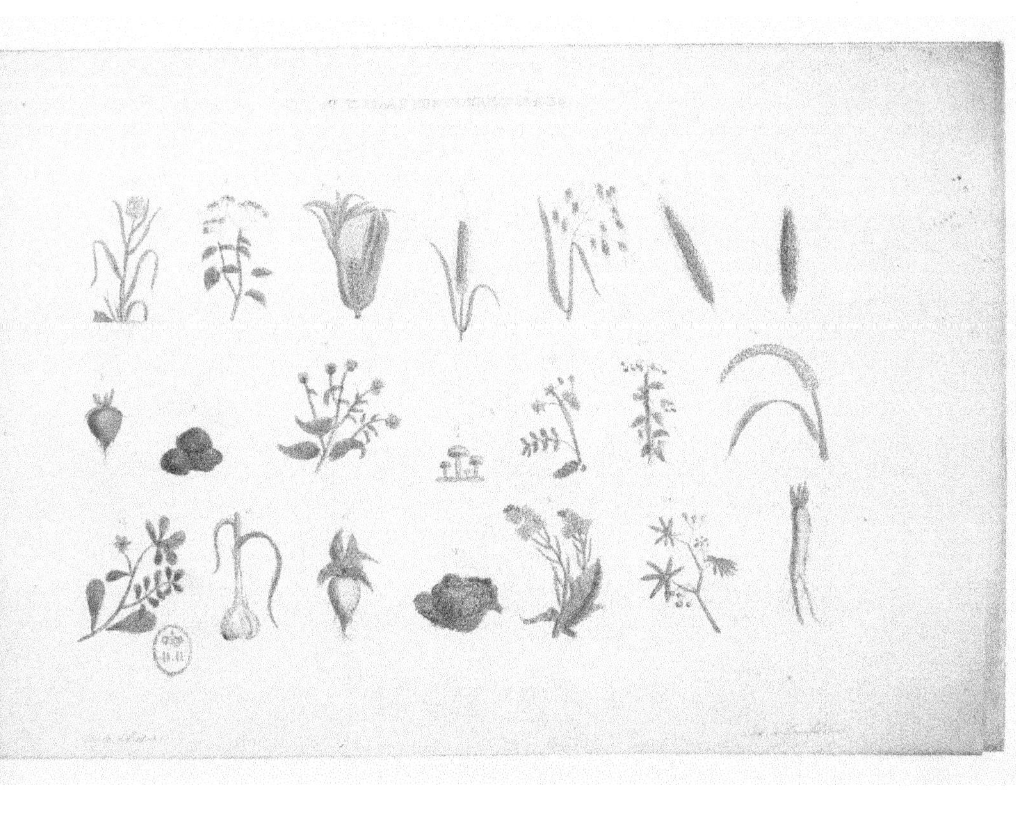

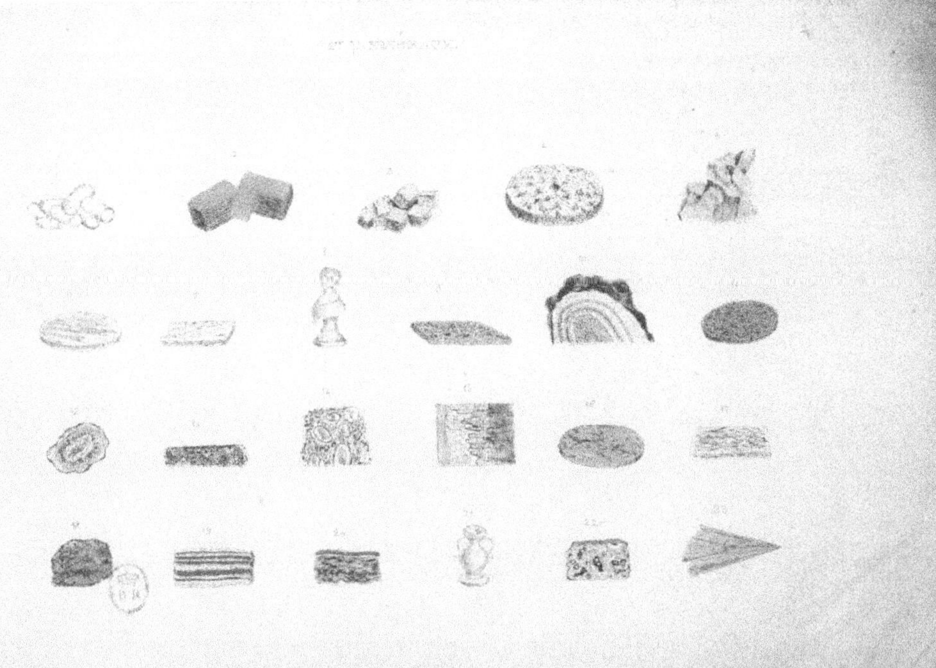

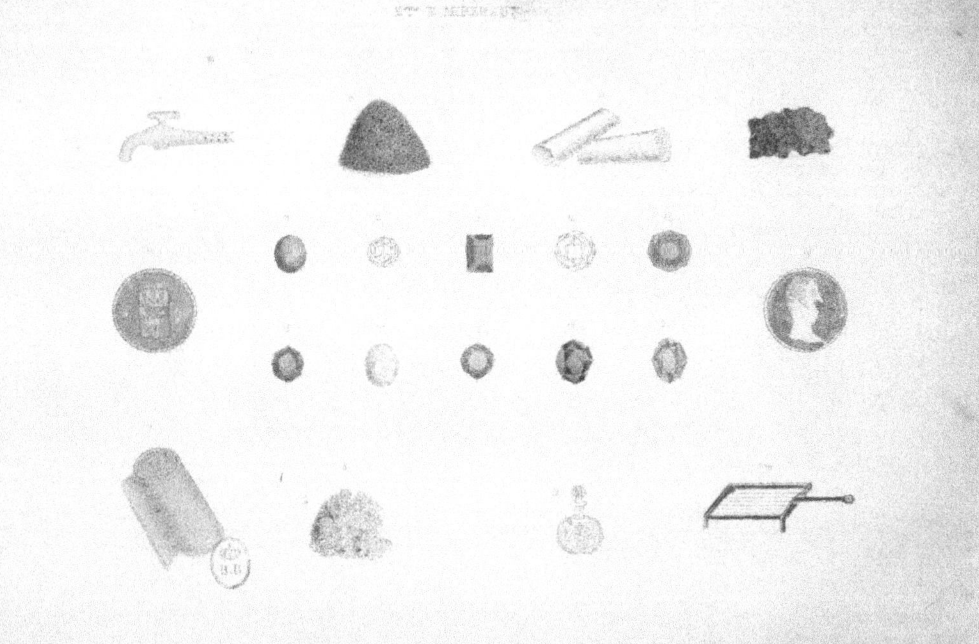

www.ingramcontent.com/pod-product-compliance
Ingram Content Group UK Ltd.
Pitfield, Milton Keynes, MK11 3LW, UK
UKHW021622260726
13994UKWH00003B/1030